Bibliografische Information der Deutschen Nationalbibliothek:

Die Deutsche Bibliothek verzeichnet diese Publikation in der Deutschen Nationalbibliografie; detaillierte bibliografische Daten sind im Internet über http://dnb.d-nb.de/ abrufbar.

Impressum:

Druck und Bindung: Books on Demand GmbH, Norderstedt Germany
ISBN: 9783346167835

Dieses Buch bei GRIN:

https://www.grin.com/document/584722

Philipp Straßer

Arbeit und transnationale Wertschöpfung. Automobilindustrie im Wandel

GRIN Verlag

UNIVERSITÄT SALZBURG | NATURWISSENSCHAFTLICHE FAKULTÄT

Arbeit und transnationale Wertschöpfung

Die Automobilindustrie im Wandel

Philipp Straßer

Inhaltsverzeichnis

1. Einleitung

Das Leitthema dieser Arbeit ist eine kritische Auseinandersetzung mit dem Inhalt des während des Proseminars im Plenum besprochenen und analysierten Textes Mobile Module-Internationalisierung und Restrukturierung in der Autoindustrie von Antje Blöcker aus dem Jahr 2009. Der Text stellt ein Kapitel innerhalb des Buches „Beschäftigte in der Globalisierungsfalle" dar. Neben Texten zu Standortverlagerungen, Bekleidungs- und Elektroindustrie ist es der einzige Text der den Sektor Automobilindustrie abdeckt. Der Text handelt von transnationaler Produktion, die anhand des Automobilsektors, mit Fokus auf Europa, beleuchtet werden soll. Der Text zielt einerseits darauf ab, Entwicklungen der letzten 20 Jahre zusammenzufassen und andererseits das Verhältnis zwischen den Markenherstellern und ihren Zulieferern zu erfassen. Ähnlich wie der Text von Blöcker ist auch diese Arbeit aufgebaut. Zuerst soll ein Überblick über frühere Phasen der Internationalisierung in der Autoindustrie gewährt werden. Im Anschluss werden aktuelle Entwicklungen in der Automobilproduktion behandelt, die der Internationalisierung eine neue Dynamik verliehen haben. Welche Auswirkung dies auf die Beziehung zwischen den Autoherstellern und ihren Zulieferern hatte, soll im 4. Kapitel erörtert werden. Zum Abschluss erfolgt ein genauerer Blick auf die deutsche Autoindustrie, sowie ein Fazit.

2. Transnationale Produktion in der Autoindustrie

Die Automobilproduktion ist traditionell eine stark auf Westeuropa, Nordamerika und Japan zentrierte Industrie. Man könnte die Struktur der Original Equipement Manufactures (in der Folge als OEM abgekürzt) wie VW oder Ford als Oligopol bezeichnen. Die OEMs werden immer weniger, dafür werden diese durch Expansion immer größer (BLÖCKER 2009: 88-89). Transnationale Produktion und Internationalisierung sind keine neuen Phänomene, die in der Autoindustrie zu beobachten sind. Schon in den 1960-ern begann die Verlagerung von Produkten aus dem niedrigpreisigen Segment nach Mittel- und Südamerika, sowie die Fertigung von Hochtechnologie in den 1980-ern in China. Mit der EU-Süderweiterung kamen auch Griechenland, Spanien und Portugal als attraktive Standorte für die europäische Autoindustrie infrage. Die Erschließung der mittel- und osteuropäischen Standorte nahm Anfang der 90-er mit dem Zusammenbruch der Sowjetunion seinen Lauf (BLÖCKER 2009: 90). Ursprünglich wurden Standortverlagerungen als positiv betrachtet. Die Erschließung neuer Märkte, der Zugriff auf neue Ressourcen und der Ausgleich von Engpässen bei qualifizierten Mitarbeitern im eigenen Land werden von AHLERS ET AL. (2007:36) als wichtige Faktoren angeführt. Man erwartete positive Auswirkungen auf den heimischen Arbeitsmarkt und erhöhte Wettbewerbs- und Innovationsfähigkeit. In der Folge hat sich das Bild gewandelt, heute werden Standortverlagerungen als Grund für Arbeitslosigkeit herangezogen. Sie ermöglichen den Unternehmen außerdem Druck auszuüben, um Zugeständnisse bei Löhnen und politischen Rahmenbedingungen zu erhalten (AHLERS ET AL. 2007:36).

3. Aktuelle Entwicklungen in der Autoindustrie

Ab Mitte der 90-er Jahre zeichnete sich eine neue Phase der Internationalisierung ab, BLÖCKER (2009: 90) spricht im Zuge dessen sogar von einer „neuen Qualität der Internationalisierung". Erstmals begann man auch hochtechnologische Produktionsschritte ins Ausland zu verlegen, in diesem Fall vor allem nach Mittel- und Osteuropa. Zwei Voraussetzungen waren für diese Entwicklung entscheidend:

3.1. Lean-Production Modell

Einen wichtigen Impuls leistete die Anfang der 90-er in Gang gesetzten Entwicklung hin zu einer schlanken Produktion, dem lean-production Modell. Der Grundgedanke kam aus der japanischen Automobilindustrie und wird nach der Marke Toyota auch als Toyotismus bezeichnet. Es bedeutete eine Dezentralisierung der OEMs hinsichtlich ihrer Herstellungsstandorte. Beispielsweise muss jedes einzelne Komponentenwerk für sich einen festgelegten Gewinn abliefern, es wird nicht durch Gewinne von anderen Standorten finanziert. Die einzelnen Unternehmensbereiche werden auch dem Wettbewerb ausgesetzt und müssen sich in der Konkurrenz gegen Zulieferer behaupten. Zentral von den OEMs gelenkt wird hierbei lediglich die finanzielle Zielvorgabe an die Standorte (BLÖCKER 2009: 9293). Mit diesem Modell konnte man zusätzlich auch die Produktivität und Kosten jedes Produktionsschrittes zwischen den OEMs vergleichen. Dies lädt zusätzlichen Druck auf die einzelnen Werke. In der Folge versuchte man vor allem über die Arbeitskosten Geld einzusparen, was auch gelang, 2007 lag der Anteil durchschnittlich unter einem Fünftel der Gesamtkosten. Erreichen konnte man dies durch das niedrigere Lohnniveau in Mittel- und Osteuropa. Mit Arbeitskosten pro Stunde von 8,10 Euro in Tschechien, 6,00 Euro in Polen oder 4,80 Euro in der Slowakei kann Deutschland mit 42,29 Euro nicht mithalten. Alle Arbeitskosten beziehen sich auf durchschnittliche Werte aus dem Jahr 2007 und sind inklusive der Sozialabgaben (BLÖCKER 2009: 91).

3.2. Modularisierung der Produktion

Ein weiterer wichtiger Faktor ist die Modularisierung der Produktionskette. Dies bedeutete, dass die verschiedenen Marken unter dem Dach eines OEMs im Grunde dieselben Bauteile nutzen. Die Marken unterscheiden sich eigentlich nur mehr im Design. Dies spart den OEMs Zeit und Geld in der Innovation und Entwicklung neuer Modelle. Es bedeutet aber auch, dass jeder Standort schnell durch einen anderen ersetzt werden kann, da die Teile baugleich sind. Dies erhöht die Flexibilität der Produktion, man spricht in diesem Zusammenhang von flexiblen Produktionsnetzwerken, der Standort ist also stärker der Kostenfrage unterworfen. Es kommt zu einer permanenten Reorganisation der Wertschöpfungskette. Dieser Druck trägt dazu bei, dass man zunehmend in Richtung Mittel- und Osteuropa verlagert (BLÖCKER 2009: 93). In jüngster Zeit kooperieren sogar verschiedene OEMs miteinander und verwenden die gleichen Bauteile. Ein Beispiel sind Daimler und Renault-Nissan, die dadurch ihre Kosten senken wollen (DELOITTE 2014: 15).

3.3. Verlagerung nach Mittel- und Osteuropa

Ursprünglich sollten die Standorte in Mittel- und Osteuropa den Bedarf des eigenen regionalen Marktes decken. Sie sollten keine Konkurrenz für die bestehenden Werken in

Westeuropa darstellen. Man hatte allerdings die Nachfrage in den postkommunistischen Staaten überschätzt, es kam zu einer Überproduktion. Dieser Umstand und die beiden oben genannten Faktoren führten zu einer Ausrichtung der Werke auf den Export nach Westeuropa. Die lokalen europäischen Märkte verschmolzen in der Folge zu einem europäischen Gesamtmarkt (BLÖCKER 2009: 90). Mittel- und Osteuropa ist ein äußerst wichtiger Standort für deutsche Automobilproduzenten geworden. Allein in Polen, Tschechien, Ungarn und der Slowakei arbeiteten im Jahre 2009 etwa 180.000 für deutsche Hersteller, allein über ein Viertel derer für Volkswagen (BLÖCKER 2009: 100 f.).

Der Preisdruck durch lean-production und Modularisierung war der entscheidende Grund, warum man auch Hightech nach Mittel- und Osteuropa verlegte. Es kam zu einer Verringerung der Wertschöpfungstiefe im Stammland der OEMs, die neuen Standorte sind gleichwertig. Was früher noch als undenkbar galt ist nun möglich: Auch Premiumprodukte können so zu Niedriglohnpreisen angefertigt werden. Hersteller mit hoher Qualität wie Porsche oder BMW, die zu Beginn der 1990-er Jahre noch vieles im eigenen Land produziert haben, besitzen heute Niederlassungen in Mittel- und Osteuropa (BLÖCKER 2009: 89). Ein Beispiel dafür ist VW, das mit Motorenfertigung in Györ eine seiner Kernkompetenzen nach Ungarn ausgelagert hat (BLÖCKER 2009: 91). Obwohl die deutschen Premiumhersteller höhere Margen pro Auto haben, steigt auch für diese der Kostendruck. Die Arbeitskosten bilden einen immer höheren Anteil an den Gesamtkosten und das macht eine Verlagerung nach Osteuropa attraktiv. Ein deutsches Auto, das etwa 45 000 Euro kostet, beinhaltet etwa 4 800 Euro Arbeitskosten, in den USA sind es vergleichsweise nur 2 600 Euro. Zukünftig ist eine weitere Verschärfung in der Premium Sparte zu erwarten, so wurde die Produktion des Porsche Cayenne 2014 schon komplett von Leipzig nach Bratislava verlegt. (DUDENHÖFFER 2014: 29).

BLÖCKER (2009: 101) teilt in ihrem Text den Ablauf der Standortverlagerungen nach Mittel- und Osteuropa in vier Phasen ein:

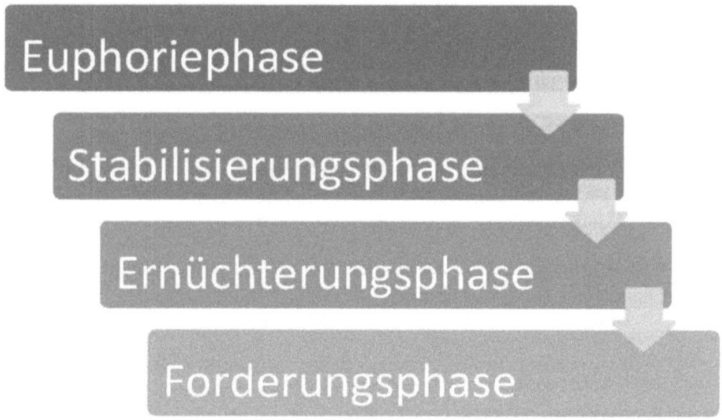

Grafik 1: Vier-Phasen Modell; Quelle: frei nach Blöcker (2009)

Ad 1: Zielorte ausländischer Direktinvestitionen punkten durch besonders hohe Löhne, die die Arbeitsbedingungen ordentlich aufwerten (sollen).

Ad 2: Nach einigen Jahren ist die positive Welle abgeflaut und es beginnt eine Zeit, „in der das Lernen im transnationalen Produktionsverbund im Vordergrund steht“ (BLÖCKER 2009: 101).

Ad 3: Das Arbeitspensum nimmt zu, ebenso wie die geforderte Flexibilität der Arbeiter, während die Aufstiegschancen abnehmen.

Ad 4: Eskaliert die Situation in Phase 3, können Streiks die Folge sein.

4. Automobilzulieferer

Die Veränderungen der letzten Jahre in der Automobilindustrie erfassten auch die Zulieferer, die sehr eng mit den OEMs verflochten sind. In den folgenden Kapiteln soll die Veränderung der Beziehung zwischen OEM und Zulieferer dargestellt werden, sowie deren Überlebensstrategien.

4.1. Verhältnis der Zulieferer zu den OEMs

Durch den Prozess der Modularisierung und somit mehr gleichen Bauteilen erhoffen sich die OEMs weitere Kosteneinsparungen. Aufgrund von Vereinheitlichung werden automatisch pro Teil mehr Stück verkauft und die OEMs erwarten sich Preisnachlässe durch die Erhöhung der Stückzahl (DELOITTE 2014: 16). Es haben sich neue Konzepte der Belieferung herausgebildet: just-in time und just-in-sequence. Auch hierfür war als Voraussetzung die Modularisierung der Produktionskette anzusehen. Die Teile sollen nicht mehr gelagert, sondern exakt zur richtigen Zeit und seriengemäß an den Standort geliefert werden. Die Lagerungskosten und der Zeitdruck werden somit auf die Zulieferer abgewälzt (BLÖCKER 2009: 95). Zulieferer geben diesen Druck auch oft an 2nd-tier und 3rd-tier Zulieferer ab (BLÖCKER 2009: 92). Es ist eine Hierarchie in der Arbeitsteilung zwischen den Zulieferern entstanden (HAUSER-DITZ ET AL. 2015: 14).

Um diese Art der Produktion zu gewährleisten siedeln sich die Zulieferer oft in der Nähe des Werkes der Endhersteller an. Vielfach werden die Zulieferer von den OEMs auch zu diesem Schritt gezwungen (BLÖCKER 2009: 92). So gaben die 1st-tier Zulieferer in einer Umfrage an, dass die Erwartung dem Kunden (OEMs) zu folgen mit 37,2% den Hauptgrund für eine Standortverlagerung darstellt. Ex aequo an erster Stelle landete der Preisdruck durch OEMs, also sind OEMs direkt oder indirekt für etwa drei Viertel aller Verlagerungen von Zulieferern verantwortlich (DELOITTE 2014: 20). Die Zuliefererindustrie ist wie die gesamte Automobilindustrie gekennzeichnet durch eine Verlagerung der Kapazitäten nach Mittel- und Osteuropa. Neben der Ansiedlung in der Nähe eines OEMs sind Kostenvorteile (Lohnkosten und Energiekosten) sowie Markterschließung die Hauptgründe für die Verlagerung. Daneben spielen noch attraktive Wechselkurse, Lieferzeiten und gesetzliche/steuerliche Vorteile eine Rolle. Dies geht meist zulasten der bestehenden Werke in Großbritannien und Frankreich, besonders betroffen sind aber Spanien und Portugal
(DELOITTE 2014: 23-28; HAUSER-DITZ ET AL. 2015: 15-16; BLÖCKER 2009: 92). Aufgrund steigender Lohnkosten, beispielsweise in Tschechien und Ungarn, gibt es mittlerweile selbst innerhalb Mittel- und Osteuropas einen Wettbewerb um die Standorte. Aktuell hat sich Rumänien als neuer attraktiver Standort herauskristallisiert. Im Gegensatz zu den OEMs verlagern die

Zulieferer zunehmend auch ihre Forschungs- und Entwicklungsarbeit nach Mittel- und Osteuropa (HAUSER-DITZ ET AL.: 16). Für die Zukunft sehen die 1st Tier Zulieferer die BRICS-Staaten als gefragte Standorte, in Europa erwartet man vor allem Wachstum in der Ukraine, Rumänien und Mazedonien (DELOITTE 2014: 22).

Eine weitere Entwicklung ist die Auslagerung von zusätzlichen Kompetenzen an die Zulieferer, also die Verringerung der Wertschöpfungstiefe. Die Kernkompetenzen bleiben bei den OEMs, die Kann-Kompetenzen werden flexibel gehandhabt (BLÖCKER 2009: 93). Kernkompetenzen einer Marke sind beispielsweise Motor oder Karosserie, während Elektronik und Interieur Kann-Kompetenzen sind. Vermehrt wird auch die Montage der einzelnen Module an die Zulieferer ausgelagert. Im Jahr 2010 lag die durchschnittliche Fertigungstiefe der OEMs bei 35%. Ein Unterschied ist zwischen Premiumherstellern und den übrigen Herstellern festzustellen, Marken mit hoher Qualität haben einen größeren Anteil an Eigenfertigung (HAUSER-DITZ ET AL. 2015: 13-14).

4.2. Gründe für das Machtgefälle zwischen OEM und Zulieferern

Ein wichtiger Faktor warum das Outsourcing zu einer Senkung der Kosten führt ist das ungleiche Verhältnis zwischen OEMs und Zulieferern. Der Preis wird durch die hohe Anzahl an Zulieferern, die um einen Endhersteller konkurrieren, erheblich gedrückt. Als Konsequenz des harten Wettbewerbs ist die Zahl der Zulieferer von 30.000 im Jahr 1988 auf 5.600 im Jahr 2000 gesunken. Auch in Zukunft wird sich dieser Trend fortsetzten (HAUSER-DITZ ET AL. 2015: 14-15). Ein Vorteil für die OEMs ergibt sich auch in Zeiten der Krise: Die vorher ausgelagerten Kann-Kompetenzen werden dann wieder zurückgeholt. Die Endhersteller entwickeln und produzieren die Teile bei geringer Auslastung ihrer Werke lieber selbst. Dies stellt ein zusätzliches Risiko für Zulieferer und ihre Beschäftigten dar. Ein Beispiel dafür ist das Insourcing von Elektronik und Elektrik als Reaktion auf die weltweite Überkapazität im Jahr 2004/2005 (BLÖCKER 2009: 94).

4.3. Strategien der Automobilzulieferer

Um die Abhängigkeit von den OEMs zu reduzieren und auf den harten Wettbewerb zu reagieren werden diesem Absatz drei Strategien vorgestellt. Eine größere Flexibilität wird erreicht indem man sich neue Kunden außerhalb der Automobilbranche sucht.

Landmaschinen, Luftfahrt, Baumaschinen sind potentielle Anwendungsbereiche für die Produkte der Zulieferer (HAUSER-DITZ ET AL. 2015: 16-17). Das Upgrading zu einem Modulanbieter und die Erweiterung der Produktpalette ist eine weitere Strategie die erfolgversprechend ist. Die berühmtesten Beispiele sind Delphi, Bosch und Continental (Hauser-Ditz et al. 2015: 17). Die dritte Strategie beinhaltet das Innehaben einer gefragten Technologie. Bosch konnte sich durch seine dominante Rolle im Bereich der Elektrik/Elektronik ein gewisses Maß an Autonomie erhalten. (HAUSER-DITZ ET AL. 2015: 14) So wurden in den letzten 15 Jahren alle großen Innovationen in der Fahrzeugtechnik, wie ABS, ESP, Navigationsgerät und Airbag, von Zulieferern entwickelt (BLÖCKER 2009: 94).

4.4. Parallelen zur Bekleidungsindustrie

Diese Form der Kooperation zwischen Zulieferer und Markenhersteller ist nicht allein auf die Autoindustrie beschränkt. Auch in der Bekleidungsindustrie herrscht eine einseitige Abhängigkeit zwischen den osteuropäischen Partnerfirmen und den deutschen Auftraggebern. Hier entsteht dieungleiche Zusammenarbeit ebenfalls durch eine Art Modulariiserung der Produktion. Die einzelnen Materialien werden von den Zulieferern nur mehr zusammengenäht, bleiben aber während der gesamten Produktion ein Eigentum der deutschen Markenkonzerne. Die osteuropäischen Firmen sind somit eng an die deutschen Konzeren gebunden, sie können nicht flexibel agieren. Die Lohnveredelung machte 2002 in Polen 80% der Produktionskapazitäten aus, in Rumänien waren es 2005 sogar 90% (LUNGWITZ 2009: 77).

5. Veränderungen in der deutschen Automobilindustrie

Für Deutschland ist die Automobilindustrie seit jeher eine der ökonomisch wichtigsten Industriesparten überhaupt. Deutsche Autos erreichen auf der ganzen Welt hohe Verkaufszahlen und stehen oftmals für besonders hohe Qualität. JÜRGENS, MEIẞNER (2005) bezeichnen die Autoindustrie der 90-er Jahre als „Innovationsmotor für die deutsche Wirtschaft insgesamt". 2002 sei über ein Drittel aller Mittel für Innovationen in die Automobilbranche investiert worden (JÜRGENS, MEIẞNER 2005: 13).

Diese Branche stellt also vor allem seit dem Ende des 20. Jahrhunderts einen unverzichtbaren Teil der deutschen Wirtschaft dar. Betrachtet man aber die Entwicklung der Situation der Arbeiter in der Automobilindustrie während dieser Periode, bemerkt man, dass diese durch mehrere ‚Aufs und Abs' gekennzeichnet ist. Zwar seien Arbeiter dieser Industriesparte, zumindest in Deutschland, zur Zeit der Jahrtausendwende den Arbeitern anderer Sektoren in Sachen Sicherheit der Arbeitsstelle im Vorteil gewesen, allerdings bot sich 10 Jahre davor ein anderes Bild: Allein zwischen 1991 und 1994 wurden in Deutschland 160.000 Arbeitsplätze abgebaut. Von 1995 bis 2005 wurde dieser Abbau mit 110.000 neuen Anstellungen, bezogen auf OEMs und Zulieferunternehmen zumindest teilweise wieder kompensiert. Alles in allem bestanden zu diesem Zeitpunkt insgesamt über 1.800.000 Arbeitsstellen in Deutschland, welche zumindest teilweise oder ganz von Automobilindustrie betroffen oder abhängig sind (BLÖCKER 2009: 96).

Direkt darauf ging es aber wieder abwärts: 2006, also nur ein Jahr später, verloren etwa 16.000 Mitarbeiter ihre Arbeit. Besonders von diesem Crash betroffen waren dabei die Endhersteller. Knapp 90% dieser Arbeitsplatzverluste hatten OEMs zu verzeichnen. Als Hauptgründe dafür nennt BLÖCKER (2009) „Restrukturierung, Preisdruck auf Lieferanten und Auslastungswettbewerb" (BLÖCKER 2009: 96). Diese Faktoren nämlich brachten namhafte

OEMs dazu, konkrete Restrukturierungsprogramme in die Wege zu leiten, mit dem Hauptziel, die Kosten zu senken. Tabelle 1 zeigt einen groben Überblick über eben jene Programme von 3 Endherstellern, die im vergangenen Jahrzehnt liefen.

OEM	VW	DaimlerChrysler	General Motors
Programm	• *For Motion* (2004-2005) • *For Motion Plus* (20062008)	□ *CORE*	□ *Restrukturierung GM* (2006-2008)
Ziele	• Bis Ende 2005 Einsparungen von 3,6 Mrd. € jährlich. Dazu Entlassung von 5.000 Arbeitern weltweit. • Bis 2008 weitere 4 Mrd. €, u.a. durch Entlassung von weiteren 20.000 Personen.	□ Jährlich 4 Mrd. € Einsparung, u.a. durch Entlassung von 8.500 Arbeitern	□ 2,5 Mrd. € Einsparung pro Jahr, u.a. durch Entlassung von 30.000 Mitarbeitern.

Tabelle 1: Restrukturierungsprogramme von OEMs; Quelle: vereinfacht und gekürzt nach Blöcker (2009)

Wie diese Tabelle zeigt, gleicht sich die Strategie der drei OEMs, sie alle wollen vor allem mittels Mitarbeitereinsparungen (und weiteren nicht angeführten Maßnahmen) jedes Jahr Milliardenbeträge einzusparen. Die Pläne wurden in der Folge auch erfolgreich umgesetzt. Bei DaimlerChrysler beispielsweise wurden die gesetzten Ziele letztendlich sogar weit übertroffen, die Einsparungen kosteten weit mehr Arbeitern den Job. Aus den angestrebten 8.500 Entlassungen wurden 9.700. Direkt danach sollten 13.000 weitere hinzukommen (Blöcker 2009: 97).

Nun hat man einen Eindruck erhalten, wie sich die Situation der Arbeitsplätze bei den OEMs entwickelt hat. Ein ähnliches Bild zeichnet sich bei ihren Zulieferunternehmen ab, auch hier waren die Unternehmen bis 2006 im Aufschwung. Etliche neue Stellen wurden verzeichnet. Wegen zunehmender Verlagerung der Produktionsschritte ins Ausland, besonders nach

Mittel- und Osteuropa, war der Boom allerdings bald beendet. Während die Firmen die Standorte für Premiumprodukte, sowie ihre Einrichtungen für Forschung und Entwicklung in Deutschland bestehen ließen, wurde MOE ein wichtiges Gebiet für die Fertigung von einfacheren und arbeitsintensiven Gütern (Blöcker 2009: 97).

Für die deutschen Zulieferer wird es in Zukunft schwierig, vor allem da neben Bosch, Continental und Magna der Anteil an Klein- und Mittelunternehmen groß ist. Wenngleich die Schließung der Werke in Deutschland vergleichsweise gering ausfiel, so werden dennoch neue Werke nur in Wachstumsmärkten errichtet. KMUs können diesen Schritt ins Ausland oft nicht mitgehen oder können mit der Konkurrenz vor Ort preislich nicht mithalten. Mittelfristig sind in Deutschland durch den erhöhten Kostendruck 150.000 Arbeitsplätze bei KMUs in der Automobilzulieferbranche bedroht. Hier sind die Zulieferer gefragt durch neue Strategien und Spezialisierung den Herausforderungen zu begegnen. (Doll 2015)

Und schließlich gibt es neben den Zulieferern und den Endherstellung noch eine dritte Komponente in der Automobilindustrie: Die Ingenieursgesellschaften. Bei diesen Akteuren, welche meist für Innovationen bei Unternehmen zuständig sind, ist ein ähnliches Bild zu erkennen, wie bei den bisher erörterten Geschehnissen. Mitte der 90-er Jahre wurden sie zu einem essentiellen Bestandteil in der Autoindustrie, um Anfang der 2000-er Jahre einen massiven Bedeutungsverlust hinnehmen zu müssen. Der Wandel begann damit, dass OEMs Ingenieursgesellschaften mit der Entwicklung neuer, und der Verbesserung bereits bestehender Komponenten, beauftragten. Durch diese Auslagerung versprach man sich höhere Kapazitäten für andere anfallende Aufgaben, die firmenintern verarbeitet werden müssen. Da man aber besonders jene Komponenten an Ingenieursgesellschaften verlagert hatte, die besonders viel Wertschöpfung versprachen, begann man nach und nach, diese Entwicklungsaufgaben zurück von den Ingenieursgesellschaften an eigene Tochterunternehmen zu verlagern. Die aussichtsreichen und profitablen Entwicklungsarbeiten fanden also wieder im eigenen Haus statt, logischerweise mit

Nachteilen für die Ingenieursgesellschaften. Somit wurden beispielweise in Osnabrück bei *Karmann* 1.650 Mitarbeitern gekündigt, um den Profitverlust zu kompensieren (BLÖCKER 2009: 97).

Mit dem Schicksal der Ingenieursgesellschaften lässt sich jenes der Produzenten für Kleinteile und Nischenprodukte vergleichen. Als konkretes Beispiel für diese Prozesse nennt BLÖCKER (2009) erneut *Karmann*. Dieses Unternehmen stellte Cabrios und Dachsysteme her, vor allem für DaimlerChrysler und Audi. 2006 entschloss man sich dort, die Dachproduktion teilweise nach Żary (dt.: Sorau) in Westpolen zu verlagern. Ein Entschluss, der Karmann jedoch keine Vorteile verschaffte. Auch in diesem Fall fand wieder ein ‚Schritt zurück' statt, indem manche OEMs die Herstellung ihrer Nischenprodukte wieder in eigene Hände nahm (BLÖCKER 2009: 98).

6. Fazit

Der Text von Antje Blöcker zeigt deutlich den Wandel, dem die Autoindustrie in den letzten 20 Jahren unterlag. Gerade die Automobilindustrie übernimmt in der industriellen Warenproduktion eine Vorreiterrolle in der Entwicklung neuer Produktionsformen (Fordismus, Toyotismus). Sie galt lange Zeit als prestigeträchtige, hochtechnologische Industrie, die auf Westeuropa, USA und Japan beschränkt war. Zwar gab es schon ab den 60ern Standortverlagerungen in andere Länder, doch handelte es sich hierbei um „Low-Tech". Die Kernkompetenzen verblieben stets in den Ursprungsländern der OEMs. Erst durch Modularisierung und schlanke Produktion wurde eine neue Welle transnationaler Produktion ausgelöst. Erstmals konnte auch hochtechnologische Produktion in Niedriglohnländer ausgelagert werden. Anfangs wurden in Europa Kapazitäten vermehrt nach Spanien, Portugal und Griechenland, später vor allem nach Mittel- und Osteuropa verlagert. Die Folge war eine Verschärfung des Zeit- und Kostendrucks, der immer häufiger an Zulieferer abgewälzt wird. Die Markenhersteller übergeben den Zulieferern immer mehr Kompetenzen, die

Wertschöpfungstiefe bei den OEMs verringerte sich. Zwischen den OEMs und den Zulieferern herrscht ein Gefälle, viele Zulieferer konkurrieren um einen Endhersteller und sind somit auch gewillt auf deren Forderungen einzugehen. Als Konsequenz sinkt die Anzahl der Zulieferer dramatisch, den harten Wettbewerb überleben nur jene, die es schaffen die Abhängigkeit von den OEMs verringern. Speziell die deutsche Automobilindustriebranche profitierte von diesen neuen Entwicklungen, trotzdem ist die Lage bei einzelnen Unternehmen alles andere als stabil. Werksverlagerungen und -schließungen aufgrund der vergleichsweisen hohen Lohnkosten und schwankende Auftragskapazitäten sind wichtige Faktoren, die für stetige Veränderungen des deutschen Automobilsektors Sektors führen. Die Situation der Zulieferer ist kritisch, besonders aufgrund der kleinteiligen Struktur. Oftmals geschehen Schritte zum vermeintlichen Erhalt der Profitabilität (oft auch Druck der OEMs) auf Kosten der Arbeiter. Diese sollen nun ebenso flexibel agieren wie die Produktionsnetzwerke. Personaldrehscheiben sind zur Normalität geworden, die Arbeiter sollen die Standortverlagerung mitmachen, um ihren Job zu erhalten. BLÖCKER (2009: 104) erachtet es als wichtig, zukünftig die internationale Arbeitnehmerkooperation auszubauen, um auch von Arbeitnehmerseite diesen neuen Herausforderungen durch die transnationale Produktion zu begegnen.

Literaturverzeichnis

Ahlers, Elke; Öz, Fikret; Ziegler, Astrid (2007): Standortverlagerung in Deutschland- einige politische und empirische Befunde. Edition der Hans-Böckler-Stiftung 194, Düsseldorf, 33-48

Blöcker, Antje (2009): Mobile Module. Internationalisierung und Restrukturierung in der Autoindustrie, in: Beschäftigte in der Globalisierungsfalle, Herausgeber: E. Ahlers, B. Kraemer, B. Ziegler, Baden-Baden, 87-106

Deloitte (2014): Umbruch in der Automobilzulieferindustrie. Standortoptimierung und Sourcing. Online verfügbar unter: https://www2.deloitte.com/content/dam/Deloitte/de /Documents/finance/CF-Umbruch-in-der-Automobilzuliefererindustrie-2014.pdf, Zugriff: 18.02.2017, 38 Seiten.

Doll, Nikolaus (2015): Der deutsche Autoboom hat auch deutsche Verlierer, in: Die Welt. Online verfügbar unter: https://www.welt.de/wirtschaft/article137524641/Der-deutscheAutoboom-hat-auch-deutsche-Verlierer.html, Zugriff: 21.02.2017

Jürgens, Ulrich; Meißner, Heinz-Rudolf (2005): Arbeiten am Auto der Zukunft. Produktinnovationen und Perspektiven der Beschäftigten, Herausgeber: Wissenschaftszentrum Berlin für Sozialforschung, Edition Sigma, 247 Seiten.

Hauser-Ditz, Axel; Mählmeyer, Valentina; Pries, Ludger (2015): Europäische Betriebsräte. Grenzüberschreitende Koordination in der Autozulieferindustrie, Arbeit-InteressenPartizipation, Herausgeber: R. Trinczek, L. Pries, Frankfurt/New York, 11-42

Lungwitz, Ralph-Elmar (2009): Emanzipation an der verlängerten Werkbank? Die deutsche Bekleidungsindustrie und ihre Partner in Mittel- und Osteuropa, in: Beschäftigte in der Globalisierungsfalle, Herausgeber: E. Ahlers, B. Kraemer, B. Ziegler, Baden-Baden, 73-86

Darstellungsverzeichnis